LA RADIO

Abbiamo riscoperto le prime "radio" che all'inizio del secolo seppero ricevere i suoni attraverso l'"etere".

Le loro forme "composite" e "scoperte" sembrano rispecchiare la tensione dei pionieri della radiofonia più impegnati a realizzare il mezzo rivoluzionario che a curarne gli aspetti esteriori.

Ma con gli anni 30, conquistata una funzionalità soddisfacente, gli apparecchi furono sistemati in contenitori unici che divennero dei veri e propri soprammobili. Il nostro itinerario segue la costante evoluzione della radio e, attraverso gli esemplari più rappresentativi, ci accompagna fino agli anni '50, quando l'avvento della televisione conclude il primo ciclo della radio come grande mezzo di comunicazione di massa.

·Con queste bellissime immagini ripercorriamo un pezzo importante della nostra storia e della nostra cultura.

WIRELESS SETS

A rediscovery of the earliest radios, built at the beginning of the century to pick up sounds transmitted through the ether. Their complex and uncovered forms seem to express the pioneers'efforts in the field of wireless transmission, more concerned as they were with making the revolutionary apparatus than with paying attention to aesthetic considerations.

By the Thirties a reasonable level of operating efficiency had been obtained, and the sets were built into unique containers that became nothing less than small pieces of furniture.

This Itinerary follows the continual development of the wireless, presenting the most typical pieces up until the Fifties, when the arrival of television brought to an end the first age of wireless as a means of mass-communications.

The superb illustrations are eloquent testimony to an important part of our history and culture.

Referenze fotografiche
Le fotografie alle radio dei collezionisti sono di Cesare Gualdoni.
Quelle del Museo della Radio - Rai - Torino sono di Fuoco Fisso (specifica a pagina 141)
Collana a cura di / *Series editor*
Franco Bassi
Grafica / *Graphic*
Luca Pratella
Traduzione / *Translation*
Johannes Henry Neuteboom

Fotocomposizione / *Filmset by:* Primavera - Milano
Fotolito / *Colour reproduction by:* Domino - Milano
Stampa / *Printed by:* Artipo - Milano

Itinerari d'Immagini n° 14
2° edizione 1990
Second edition 1990

ISBN 88 - 7143 - 062 - X
Stampato in Italia / *Printed in Italy*
Autorizzazione del tribunale di Milano n° 190 del 6/3/87

Itinerari d'immagini

LA RADIO

WIRELESS SETS

Franco Soresini

BE-MA Editrice

RICEVITORI A CRISTALLO

Il tipo di radioricevitore più semplice è quello con "rivelatore" a cristallo di galena(PbS), ossia il solfuro di piombo, o anche il carborundum (SiC), ossia il classico abrasivo delle mole, o la zincite (ZnO).

Sono questi materiali definiti "semiconduttori" che hanno il potere di lasciare scorrere la corrente elettrica in una sola direzione. Ciò permette di "rettificare" le deboli correnti a radiofrequenza, captate dalla antenna, così da rivelare il segnale (voce o suono trasmesso) rendendolo udibile in una cuffia telefonica.

Per antonomasia, i piccoli ricevitori utilizzanti il rilevatore a galena e spiralina di contatto (detta "il baffo di gatto") sono chiamati "galena".

Tutti questi tipi di ricevitori permettono l'ascolto in cuffia, salvo qualche raro caso di potente stazione trasmittente vicina udibile in debole altoparlante.

GALENA CRYSTAL RECEIVERS

The simplest type of radio-receiver is that which uses a crystal detector made of galena (galena is PbS, lead sulphide), or carborundum (SiC), the abrasive material used for grindstones, or zincite (ZnO).

These are materials known as "semiconductors": they have the characteristic of permitting electric current flow in only one direction. Thus they can be used to "rectify" weak radiofrequency currents, picked up by the antenna, to detect the signal (the voice or sound transmitted) and make it audible in telephonic headphones. Small receivers utilising the galena detector and the small contact spiral (the so-called "cat's whisker") are known as "galenas" or simply "crystal sets".

Listening to this type of receiver requires headphones, except in the case of having a powerful transmitting station nearby, when a low-power loudspeaker can be used.

Ricevitore tipo Ferrié • 1914

Esemplare autocostruito con rivelatore a detector elettro-
litico.
Ricezione in cuffia telefonica.

Ferri-type receiver • 1914
An example of a home-built set with electrolytic detec-
tor.Headphones were used for listening.

Radio Jour • 1918

Tipico ricevitore con rivelatore a cristallo di galena.
L'accordo con la stazione emittente si otteneva facendo
scorrere il cursore sull'avvolgimento cilindrico.

Radio Jour • 1918
*A typical receiver using a galena-crystal detector. Tuning
was performed by sliding the cursor along the cylindrical
winding.*

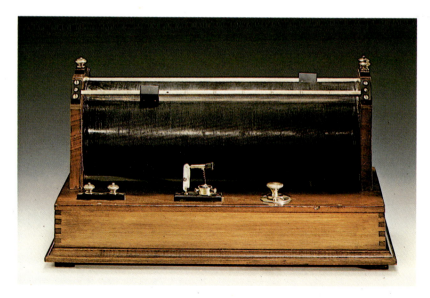

Western Electric italiana • 1921

Ricevitore con rivelatore a cristallo di galena. L'accordo si otteneva ruotando la levetta del variometro. Caratteristico il cofanetto a valigetta, contenente anche la cuffia telefonica.

Western Electric Italiana • 1921

Receiver with galena-crystal detector. The set was tuned by rotating the variometer lever. The model is unusual for the shape of the cabinet, which also contains the headphones.

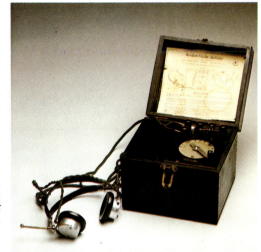

Telefunken • 1925

Modello Rfe 6
Altro ricevitore simile al precedente, ma contenuto in una cassetta metallica di apparecchio telefonico.

Telefunken • 1925

Model Rfe 6
A receiver similar to the preceding example, but enclosed in a metal telephone case.

Siti • 1923

Ricevitore con rivelatore a cristallo di zincite.
L'accordo era ottenuto ruotando la manopola del conden-
satore variabile.

Siti • 1923
Receiver with zincite crystal detector. The wireless was
tuned by rotating the knob of the variable condensor.

Siti • 1925

Modello RC
Ricevitore del tutto simile a quello di pag. 6.
L'avvolgimento della bobina è però disposto verticalmente.

Siti • 1925
Model RC.
A receiver very similar to that illustrated on page 6. However the coil's winding is arranged vertically.

Telefunken • 1926

Ricevitore con rivelatore a cristallo di galena.
Caratteristica la bobina a "nido d'api".

Telefunken • 1926
Galena-crystal receiver.
The "bee-hive" winding is unusual.

Ytras • 1926

Modello RS 4
E' un tipo di ricevitore a cristallo già sofisticato.
I due rivelatori a cristallo di galena collegati in ''controfase'' sono contenuti in ampolle di vetro.

Ytras • 1926

Model RS 4.
This is a crystal set of an advanced level of sophistication.
The two galena-crystal detectors, connected in counterphase, are enclosed in glass bulbs.

RICEVITORI A TUBI ELETTRONICI ALIMENTATI DA ACCUMULATORI, BATTERIE DI PILE, E CON ALTOPARLANTE SEPARATO

Nelle pagine che seguono sono raffigurati i più tipici radioricevitori a tubi elettronici del periodo pioneristico della radiodiffusione (boadcasting) che va dal 1920 al 1930 circa.

I tubi elettronici sono ad accensione diretta ed a ciò provvede un accumulatore. L'alta tensione anodica è fornita da una batteria di pile a secco da 90 volt, costituita in 20 pile piatte da lampadina tascabile.

Ovviamente, detta batteria di pile può essere sostituita da un alimentatore anodico inserito sulla rete di distribuzione dell'energia elettrica. Solo verso il 1929 circa compaiono i primi apparecchi con alimentatore incorporato.

L'ascolto è ottenibile con cuffia telefonica per i monovalvolari e per gli apparecchi di maggiori dimensioni con altoparlante.

ELECTRON TUBE RECEIVERS POWERED BY ACCUMULATORS AND PRIMARY BATTERIES, WITH SEPARATE LOUDSPEAKER

The following pages illustrate the most characteristic electron tube radio receivers from the pioneer age of radio broadcasting, from 1920 to 1930 circa. The electron tubes are directly heated by means of an accumulator. High anode tension is supplied by a 90 V primary battery (series of dry batteries), using 20 flat torch batteries. Obviously, the primary battery can be substituted by an anodic power supply connected to the electric mains. The first sets with a transformer incorporated appeared only towards 1929 circa.

Listening required headphones, in the case of single-valve instruments: larger sets used loudspeakers.

Modello "Marconifono" luvenis
Uno dei primi esemplari di ricevitore a due tubi elettronici con bobine intercambiabili per accordarsi su diverse
frequenze di ricezione.

Marconi • 1921
"Marconifono" luvenis model.
One of the first receviers with two electron tubes having
interchangeable coils for the tuning of different reception
frequencies.

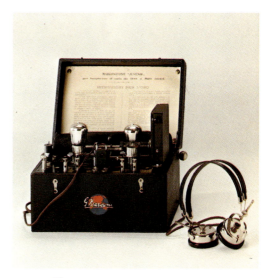

Marconi • 1924

Modello "Marconifono" V2
Altro classico esemplare di ricevitore a due tubi elettronici. Solitamente questo apparecchio veniva connesso ad un amplificatore che permetteva l'audizione in forte altoparlante.

Marconi • 1924
"Marconifono" V2 model.
Another classic example of a receiver with two electron tubes. Usually this instrument was connected to an amplifier that drove a powerful loudspeaker.

Marconi • 1924

Modello "Marconifono" Magnus M31
Classico tipo di ricevitore per radio-audizione derivato da un modello professionale precedente.
Il circuito utilizza cinque tubi elettronici del tipo "Marconi" V24.

Marconi • 1924

"Marconifono" Magnus M31 model.
A classic receiver for radio reception, deriving from a preceding professional model. The circuit incorporates five electron tubes of the "Marconi" V24 type.
The set is arranged in circuit blocks

Modello "Radialba" R82
Ricevitore ad otto tubi elettronici circuito a cambiamento di frequenza.
L'apparecchio è completato da antenna di ricezione a telaio e da altoparlante elettromagnetico a tromba della "Brown".

Allocchio/Bacchini • 1923
"Radialba" R82 model.
Receiver with eight electron tubes and frequency-shift circuitry.
The instrument is fitted with a loop antenna and a "Brown" electromagnetic horn loudspeaker.

Modello 9
Un classico esempio di ricevitore a blocchi montati "a giorno" e chiamato convenzionalmente "Breadboard".
Variando la composizione dei blocchi era possibile realizzare diversi tipi di circuiti.

Atwater/Kent • 1924

Model 9A classic example of a receiver constructed with circuit blocks exposed to view: it was conventionally known as the "Breadboard".
It was possible to create different types of circuit by varying the composition of the blocks.

Cholin/Perry • 1924

Classico modello francese di ricevitore a reazione a tre tubi elettronici.
Tipico il piccolo altoparlante elettromagnetico a cono.

Cholin/Perry • 1924

A classic French example of a regenerative-circuit receiver, with three electron tubes.
The small electromagnetic cone loudspeaker is distinctive.

Ricevitore ad onde corte • 1924

Tipico modello autocostruito, circuito a tre tubi elettronici.
La ricezione di stazioni sperimentali ad onde decametriche aveva inizio in quel periodo.

Short-wave receiver • 1924

A typical homebuilt receiver with three electron tubes.
Reception of experimental stations transmitting at decametric wavelengths began at the time of this model.

Ducretet • 1925

Modello 1 bis
Ricevitore a sette tubi elettronici.
Circuito a cambiamento di frequenza.
Gamma d'onda ricevibile da 200 a 3.700 metri cambiando le bobine di induttanza.
Questo meraviglioso apparecchio è dotato di antenna a telaio altoparlante ed alimentatore anodico.

Ducretet • 1925
Model 1 bis.
Receiver with seven electron tubes.
This set with frequency-shift circuitry was capable of receiving wavelengths of 200 • 3,700 metres by changing the inductance coils.
A superb instrument, fitted with loop antenna, loudspeaker and anode supply circuit.

Aeriola • 1926

Caratteristico apparecchio a reazione a tre tubi elettronici, con tipiche bobine "a fondo di paniere".

Aeriola • 1926
A striking example of a regenerative circuit set with three electron tubes, and characteristic coils wound in a way that resembles wicker basket-work.

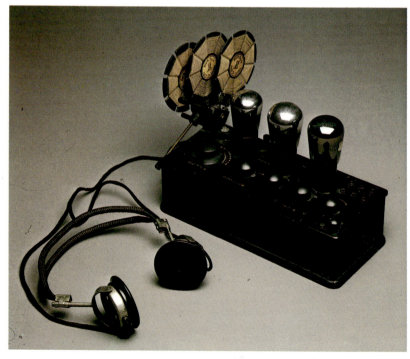

Modello OF 333
Apparecchio a reazione.
Corrispondente a un circuito a tre tubi elettronici conte-
nuti in un unico involucro: una specie di circuito integrato.

Loewe • 1926
Model OE 333.
Regenerative circuit wireless set.
*The set is, in fact, equivalent to a circuit with three elec-
tron tubes, contained in a single casing: almost a precur-
sor of the integrated circuits of today.*

Ricevitore autocostruito • 1925

Circuito a reazione.
Quattro tubi elettronici.
Curioso l'altoparlante elettromagnetico del tipo chiamato "manica a vento".

Homebuilt set • 1925

Regenerative circuit with 4 electron tubes. The electromagnetic loudspeaker, of "windsock" type, is rather curious.

TSF Dessier • 1925

Circuito a reazione.
Quattro tubi elettronici.
Da notare il piccolo altoparlante elettromagnetico a "collo
di cigno".

TSF dessier • 1925
Regenerative circuit with 4 electron tubes.
The "swan neck" electromagnetic loudspeaker is note-
worthy.

Siti • 1923

Modello R9

In questa e nelle pagine successive vengono presentati alcuni tra i più tipici apparecchi di questa nota casa costruttrice milanese: la Siti - Doglio.

Questo è un ricevitore monovalvolare con tubo elettronico bigriglia funzionante con basse tensioni (soltanto 4 volt per il filamento e 20 volt per la tensione anodica).

Siti • 1923

Model R9.

On this and the following pages are shown some of the most significant wireless sets built by the well-known Milan company, Siti • Doglio.

Single-valve set with two-grid electron tube that operates with low voltage supply (only 4 volts for the filament and 20 volts for the anode supply).

Siti • 1926

Modello R13

Circuito a reazione.

Tre tubi elettronici.

Nel mobiletto sono ricavati due vani laterali per contenere la batteria di accumulatori per l'accensione e la batteria di pile per la tensione anodica.

Siti • 1926

Model R13.

Regenerative circuit with three electron tubes.

The cabinet provides space at each side to accomodate the primary battery for anode supply and the accumulator for filament heating.

Accessori per stazione ricevente.
A sinistra: circuito di accoppiamento di antenna.
A destra: generatore di segnali per il controllo della frequenza di ricezione.

Siti • 1924

Accessories for a receiving station.
Left: antenna-coupling circuit
Right: signal generator for controlling reception frequency.

Modello R4 • Circuito ad amplificazione diretta con en-
dodina. Quattro tubi elettronici. Gamma d'onda ricevibile da 300 a 3.000 metri con un set di 7 bobine
intercambiabili. Dietro, l'altoparlante elettromagnetico a
tromba "Brown".

Siti • 1924

*Model R4 • Direct amplification circuit with endodyne
• Four electron tubes •The range of wavelengths that could
be received was 300 - 3000 metres, attained by means
of a set of 7 interchangeable coils •Behind, the "Brown"
electromagnetic horn loudspeaker.*

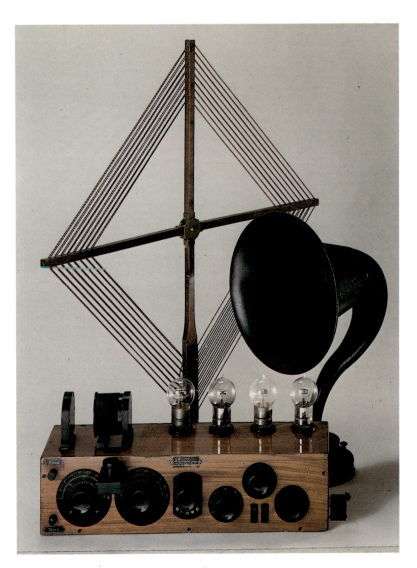

Modello R2
Circuito ad amplificazione diretta.
Quattro tubi elettronici.
Antenna a telaio. Altoparlante elettromagnetico a tromba "Brown".

Siti • 1925
Model R2.
Direct-amplification circuit with four electron tubes.
Fitted with loop antenna and "Brown" electromagnetic horn loudspeaker.

Siti • 1925

Modello R11
Circuito "neutrodina".
Cinque tubi elettronici. Antenna a telaio. Altoparlante elettromagnetico a tromba "Brown".
Il circuito "neutrodina" permetteva una grande sensibilità di ricezione.

Siti • 1925
Model R11.
Neutrodyne circuit with five electron tubes.
Loop antenna and "Brown" electromagnetic horn loudspeaker. The neutrodyne circuit conferred a large degree of sensitivity in reception.

Modello R12

Infine il non plus ultra della Siti, ricevitore a cambiamento di frequenza tipo "supereterodina" 7 tubi elettronici. L'apparecchio può essere inserito in un cofano di legno stile Luigi XV (foto sopra) per nascondere la sua struttura ormai un po' antiquata.

Siti • 1927

Model R12.

The ultimate model in Siti's range, a superheterodyne frequency-shift receiver with seven electron tubes.

The set could be enclosed within a wooden cabinet in Louis XV style (photo above) in order to hide its own structure, even in those days somewhat antiquated.

Perego • 1925

Modello Arparadio
Circuito a reazione.
Due tubi elettronici.
Mobile a cofanetto con i tubi elettronici non più disposti
all'esterno.

Perego • 1925
Arparadio model.
Regenerative circuit with two electron tubes.
By now in the form of a cabinet, with the electron tubes
no longer left in view.

Ricevitore autocostruito • 1927

Circuito a reazione.
Tre tubi elettronici.
Ormai è possibile realizzare radio con pezzi staccati o con
scatole di montaggio.

Homebuilt receiver • 1927
Regenerative circuit with 3 electron tubes.
At this date it was possible to build a wireless set with se-
parate components or using a boxed kit.

39

Ricevitore autocostruito • 1926

Circuito ad amplificazione diretta a stadi accordati.
Nove tubi elettronici.
Sul coperchio del cofano di legno è disposta un'antenna
a telaio di forma circolare ricoperta di tessuto con motivi
floreali.

Homebuilt receiver • 1926

Direct amplification, tuned-radio-frequency circuit.
Nine electron tubes.
On the lid of the cabinet is a circular loop antenna cove-
red in flower-patterned fabric.

Burndept • 1927

Modello MK IV
Circuito a reazione.
Quattro tubi elettronici.
E' lo stesso tipo di ricevitore utilizzato dal radiotelegrafista Giuseppe Biagi del dirigibile ''Italia'', nel 1928, che si trovava fra i naufraghi della ''tenda rossa''.

Burndept • 1927

MK IV model.
Regenerative circuit with 4 electron tubes.
A receiver of the type used in 1928 by the radiotelegraphist of the airship ''Italia'', G. Biagi, who was one of the survivors in the ''red tent''.

Telefunken • 1927

Modello 9W
Circuito neutrodina.
Cinque tubi elettronici.
E' contenuto in un elegante cofano di legno a leggio.
A sinistra l'altoparlante elettromagnetico a membrana "Arcophone".

Telefunken • 1927
Model GW.
Neutrodyne circuit with five electron tubes.
It is enclosed in an elegant wood cabinet in the form of a desk.
At left, the electromagnetic "Arcophone" membrane loudspeaker.

Philips • 1928

Modello 2514/2026
Circuito ad amplificazione diretta.
Quattro tubi elettronici. Completo di altoparlante elettromagnetico a cono detto "pagodina".

Philips • 1928
Model 2514/2026.
Direct amplification circuit with 4 electron tubes. Fitted with electromagnetic cone loudspeaker of pagoda shape.

Siti • 1927

Modello AL

Uno dei primi alimentatori ano-
dici sostitutivi della batteria di pile ad alta tensione di 120 volt.
Permetteva di utilizzare la corrente alternata delle reti di distribuzione di energia.

Siti • 1927
Model AL.

*One of the first anode power sup-
plies, substituting the high-
tension 120-volt primary battery.
This equipment permitted the use
of the mains alternating current.*

Modello RD8
Ricevitore a cambiamento di frequenza tipo supereterodina
Otto tubi elettronici.
Completato da antenne a telaio ed altoparlante elettroma-
gnetico a tromba "Brown" ed alimentatore anodico
Philips.
Questo bellissimo modello fu imitato da numerosi co-
struttori.

Ramazzotti • 1927

Model RD8.
Superheterodyne frequency-shift circuit with 8 electron
tubes.
Complete with loop antenna, "Brown" electromagnetic
horn loudspeaker and Philips anode power supply.
This superb model was copied by numerous constructors.

Bonhomme • 1928

Modello Orthodine
Circuito a cambiamento di frequenza tipo supereterodina.
Sette tubi elettronici.
L'esecuzione dell'apparecchio è in fine ebanisteria.
Originale la sua antenna quadrata orientabile.
L'altoparlante elettromagnetico a cono di grande fedeltà,
è un "Celestion".

Bonhomme • 1928

Orthodyne model.
Superheterodyne frequency-shift circuit with seven elec-
tron tubes.
The set is enclosed in a finely woodworked cabinet.
Its square antenna that can be turned to face different di-
rections is an original feature.
The "Celestion" electromagnetic cone loudspeaker gives
excellent sound reproduction

Ducretet • 1927

Radiovaligia.

Circuito a cambiamento di frequenza.

Sei tubi elettronici.

La valigia contiene nel coperchio l'altoparlante e l'antenna a telaio.

Entrocontenute erano anche la batteria di accensione ed anodica.

Questo modello era particolarmente utilizzato in automobile.

Ducretet • 1927

Radiovaligia (Radio-suitcase).

Frequency-shift circuit with six electron tubes.

The case incorporates the loudspeaker on the lid and the loop antenna.

The heating and anode supply batteries were also enclosed within.

This model was often fitted in the car.

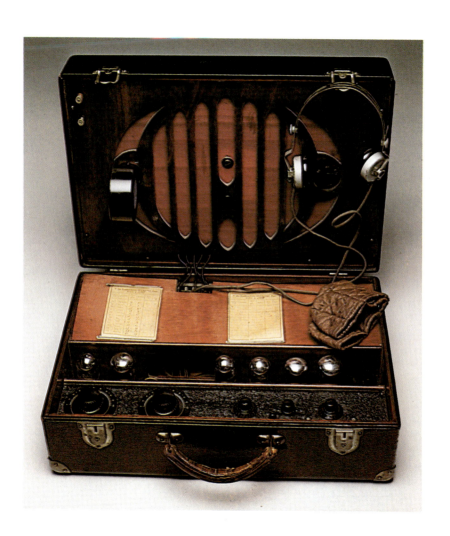

Marconi • 1929

Modello "Marconiphone" 55
Radiovaligia con circuito ad amplificazione diretta.
Cinque tubi elettronici.
Nella valigia trovano posto l'antenna a telaio, l'altoparlante e le batterie di alimentazione.

Marconi • 1929

"Marconifono" 55 model.
Radio-suitcase with direct amplification circuit.
Five electron tubes.
The case contained the loop antenna, loudspeaker and the batteries for power supply.

ALTOPARLANTI

Dai primi altoparlanti a tromba con forma a collo di cigno o di manica a vento, diretti derivati dalla cuffia telefonica, si passa a quelli a cono con grande membrana capaci di una riproduzione dei suoni molto più fedele. Altoparlanti che preludono quelli elettrodinamici che poi saranno utilizzati universalmente.

LOUDSPEAKERS

The earliest horn loudspeakers with swan-neck or windsock shape, closely related to telephonic headphones, were supplanted by cone loudspeakers with a large membrane, capable of much higher fidelity in sound reproduction. The cone loudspeaker was the forerunner of the electrodynamic type, which would later become universally popular.

Grower, Brown e Brown Mignon • 1924/1930

Tre classici altoparlanti elettromagnetici con trombe a collo di cigno.

Gower, Brown and Brown Mignon • 1924/1930
Three classic electromagnetic loudspeakers with swan-necked horn.

Altoparlante elettromagnetico a tromba in laminato di legno a forma di corolla.

Burndept • 1925
Electromagnetic loudspeaker with corolla-shaped horn, in wood veneer.

RCA • 1927

Modello 103
Altoparlante elettromagnetico a
cono con supporto in legno scol-
pito e pannello frontale in tessuto ricamato.

RCA • 1927
Model 103.
*Electromagnetic cone loudspea-
ker with carved wood stand and
embroidered fabric front panel.*

Philips • 1927

Modello 2015
Altoparlante elettromagnetico a
cono con struttura in bachelite
stampata.

Philips • 1927
Model 2015.
*Electromagnetic cone loudspea-
ker with moulded bakelite
structure.*

RICEVITORI AD ONDE MEDIE, ANCORA CON ALTOPARLANTE SEPA-RATO, ALIMENTATI DALLA RETE DI DISTRIBUZIONE IN CORRENTE ALTERNATA

Sono ormai tutti apparecchi a forma di cofanetto nel quale è inserito il circuito di alimentazione per i tubi elettronici.

Questi tubi elettronici non sono più ad "accensione diretta", bensì a "riscaldamento indiretto" ciò che consente di eliminare l'uso dell'accumulatore in quanto i tubi possono essere accesi dalla corrente alternata (a bassa tensione), fornita da un avvolgimento dello stesso trasformatore dell'alimentatore anodico.

MEDIUM-WAVE RECEIVERS, STILL HAVING A SEPARATE LOUDSPEAKER, POWERED BY ALTERNATING MAINS CURRENT

By now, all wireless sets are in the form of small chests, in which are included the power-supply circuitry for the electron tubes.

The electron tubes are no longer directly heated: instead indirect heating eliminates the accumulator because the tubes can be heated by low-voltage alternating current, provided by a winding of the anode-supply transformer.

Modello "Radiola" 60 • Circuito supereterodina.
Al centro, il comando unico di sintonia. Sul coperchio del cofano, l'altoparlante "RCA" 103. Un classico che ha fatto epoca.

RCA • 1928 • "Radiola" 60 model
Superheterodyne circuit. At the centre is the single tuning knob. On the cabinet lid is the "RCA" 103 loudspeaker. A classic model that has become one of the symbols of its time.

Modello "Radiola" 44
Circuito ad amplificazione diretta.
Cinque tubi elettronici.
Al centro, il comando unico di sintonia.
Si può considerare il primo ricevitore alimentato direttamente dalla rete, che sia stato posto in commercio.

RCA • 1927
"Radiola" 44 model.
Direct amplification model with five electron tubes.
At the centre is the single tuning knob.
Probably the first wireless set on the market to use the mains power supply.

Telefunken • 1927

Modello "Arcolette"
Circuito a reazione.
Tre tubi elettronici.
E' stato il prototipo di molti ricevitori economici.

Telefunken • 1927
"Arcolette" model.
Regenerative circuit with three electron tubes.
The forerunner of many cheap wireless sets.

Modello 2511/2109
Circuito ad amplificazione diretta. L'apparecchio è contenuto in un cofano di metallo e bachelite. L'altoparlante è di bachelite.

Philips • 1929

Model 2511 / 2109. Direct amplification circuit. The set is housed in a metal and bakelite cabinet, and the cone loudspeaker also has a bakelite case.

Philips • 1930

Modello 2531/2007
Altro modello ad amplificazione diretta. Contenitore del ricevitore ed altoparlante sono in bachelite stampata.
Philips • 1930
Model 2531 / 2007. Another model with direct amplification circuitry.
The receiver's and loudspeaker's housings are entirely made in moulded bakelite.

RICEVITORI AD ONDE MEDIE CON ALTOPARLANTE ELETTRODINAMI-CO INCORPORATO A SOPRAMMOBILE O RADIOGRAMMOFONO

Col 1929/30 siamo al definitivo tipo di apparecchio con altoparlante incorporato nel mobile.

Esso, in qualche caso, è ancora del tipo a cono con l'''equipaggio'' detto a ''spillo''. Normalmente però e del tipo elettrodinamico col vantaggio che il così detto ''magnete di campo'' ha l'avvolgimento che funge da induttanza di filtro per l'alimentatore anodico.

La scala indicatrice di sintonia è sempre ad indicazione numerica per cui bisogna ricordare a che numero corrisponde ciascuna emittente che si desidera ricevere. Spesso l'apparecchio è in un unico mobile col giradischi, determinando così un radiogrammofono.

MEDIUM-WAVE RECEIVERS WITH LOUDSPEAKER INCORPORATED, CABINET OR RADIOGRAM CONFIGURATION

1929-30 brings us to the definitive form of the radio, incorporating a loudspeaker inside the cabinet. The loudspeaker of those years was sometimes still of cone-type, with pin armature.

However electrodynamic loudspeakers were normally used, with the advantage that the so-called ''field magnet'' has a winding that acts as a filter inductance for the anode power supply.

The tuning scale was always numerical at this time, and so one had to remember the figure corresponding to the desired transmitting station.

The radio was often combined with a record player in a single cabinet, forming the radiogram.

Radiomarelli • 1930

Modello "Coribante"
Circuito ad amplificazione diretta.
Cinque tubi elettronici.
Il mobiletto, in legno, è ancora del tipo a cassetta con co-
perchio apribile.

Radiomarelli • 1930
"Coribante" model.
Direct amplification circuit with five electron tubes.
The wooden cabinet is still in the form of a box with an
opening lid.

Modello 831A
Circuito rigenerativo.
Classico mobiletto "a cupoletta" in legno impiallicciato
con finiture in bachelite stampata.

Philips • 1932
Model 831A. Regenerative circuit. Classic "domed" case in veneered wood with moulded bakelite details.

Watt radio • 1931

Circuito a reazione. Piccolo ricevitore economico in tipico mobiletto soprammobile.

Watt Radio • 1931
Regenerative circuit. A small and cheap wireless set in its typical form of a small case, no longer free-standing but placed on other furniture pieces.

Modello 314
Circuito reflex.
Tre tubi elettronici.
Costituisce un tipico modello standard economico ma nello stesso tempo ben rifinito.

Telefunken • 1933
Model 314.
Reflex circuit with three electron tubes.
A typical standard model, cheap but of good-quality finish.

Modello M33

Circuito a reazione.

Tre tubi elettronici.

La sua forma rispecchia la classica linea predominante nei ricevitori del tempo, definita ''midget''.

Magnadyne • 1933

Model M33.

Regenerative circuit with three electron tubes.

Its shape reflects the classic design predominant in the wireless sets of those years, known as ''midget''.

Modello 84
Circuito supereterodina.
Sei tubi elettronici.
Il mobile "midget" è molto curato.
Come in tutti gli apparecchi appartenenti a questo setto-
re la scala delle stazioni è numerica, va quindi attribuita
ad ogni posizione la stazione corrispondente.

Atwater/Kent • 1931
Model 84.
Superheterodyne circuit with six electron tubes.
The "midget" cabinet is finished to a high standard.
As in all receivers of this type, the tuning scale is numeri-
cal, necessitating the knowledge of the transmitting sta-
tions' frequencies.

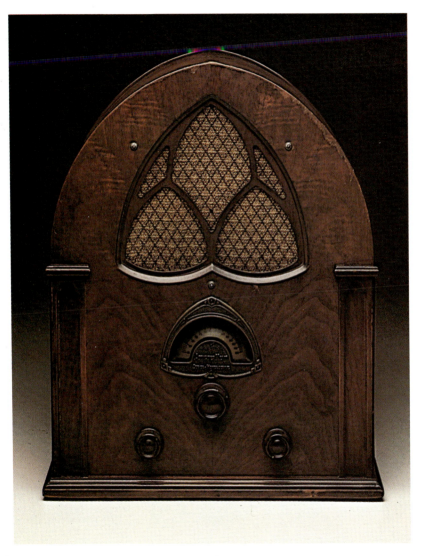

La voce del padrone • 1933

Modello R7 • Circuito supereterodina. La sagoma del mobile, variazione di quello a cupoletta, assume una forma più squadrata.

La Voce del Padrone • 1933
Model R7.
Superheterodyne circuit with seven electron tubes.
The cabinet's form, a variation of the dome shape, here becomes more rectangular.

Modello R7A

Circuito supereterodina.

Otto tubi elettronici.

Anche l'intaglio della "finestra" dell'altoparlante assume una forma più rettilinea.

RCA • 1933

Model R7A.

Superheterodyne circuit with eight electron tubes.

Here, even the loudspeaker's window takes on a more rectangular form.

Modello 48
Circuito supereterodina.
Otto tubi elettronici.
Il mobile, a consolle, nella parte alta contiene il ricevitore, mentre la parte bassa funge da cassa armonica per l'altoparlante elettrodinamico.

RCA • 1930

Model 48.
Superheterodyne circuit with eight electron tubes.
The console-type cabinet houses the receiver in the upper part while the lower portion forms the sound chest for the electrodynamic loudspeaker.

Modello REI 75   Radiogrammofono.
Circuito supereterodina. Dieci tubi elettronici.
Nel mobile è inserito il giradischi a 78 giri.
Lateralmente vi sono 4 vani per otto album portadischi.
Con le antine chiuse, il mobile assume l'aspetto di un vero e proprio elemento di arredamento.

Voce del Padrone • 1933
Model REI-75.
Radiogram. Superheterodyne circuit. The cabinet includes a 78 r.p.m. record player. At the sides there are four spaces to house eight storage units for records. With the doors shut, the cabinet takes on the appearance of a true piece of furniture.

Radiorurale • 1934

Circuito supereterodina.

Cinque tubi elettronici.

E' il tipico ricevitore del periodo fascista realizzato per gli agricoltori.

Fu un modello standard prodotto da diverse case costruttrici.

Radiorurale • 1934

Superheterodyne circuit with five electron tubes.

A receiver typical of the Fascist period, made especially for farmers.

It was a standard model built by various companies.

Radiobalilla • 1935

Circuito reflex.
Tre tubi elettronici.
Costituisce il semplice ed economico ricevitore popolare italiano del periodo fascista.
Con lievi varianti, fu prodotto da diverse case costruttrici.

Radio Balilla • 1935

Reflex circuit with three electron tubes.
The cheap and simple Italian receiver of the Fascist period.
It was produced by different companies with small variations.

79

RICEVITORI PLURIGAMMA CON "SCALA PARLANTE" A SOPRAMMO-BILE O RADIOGRAMMOFONO

Col 1934 l'apparecchio radio assume un ulteriore miglioramento.
Innanzitutto permette la ricezione anche delle nuove emittenti a onde corte quindi diventa plurigamma
Ciò comporta la necessità di una precisa indicazione delle stazioni.
Ecco, quindi, diffondersi l'uso delle scale di sintonia dette "scale parlanti".
Alcuni apparecchi aggiungono dispositivi per la sintonia prefissata a tastiera su stazioni emittenti prescelte.
Per facilitare il punto di sintonia si diffondono gli indicatori di sintonia.
Migliora anche la riproduzione audio.

MULTI-BAND RECEIVER WITH TUNING SCALE, CABINET OR RADIO-GRAM CONFIGURATION

1934 saw a further improvement in the radio receiver. Most importantly, the new short-wave transmitting stations could be picked up, thus making the radio a multi-band instrument.
This necessitated a precise indication of where to tune for each transmitting station, and for this reason tuning scales (known as "talking scales" in Italy) became common.
Some instruments were fitted for push-button tuning of pre-selected transmitting stations. Another frequent addition was the tuning indicator, facilitating research of the point of best tuning.
Sound quality also improved.

Modello Diamante
Circuito supereterodina.
Cinque tubi elettronici.
Il mobiletto a consolle che funge da tavolino ha finiture molto curate.
La scala indicatrice delle stazioni è leggermente inclinata per permettere una facile lettura.

Radiomarelli • 1934

Diamante model.
Superheterodyne circuit with five electron tubes.
The console cabinet in the form of a small table is particularly well-finished.
The tuning scale indicating the transmitting stations is slightly inclined to improve legibility.

Radiomarelli • 1936

Modello Faltusa
Circuito supereterodina.
Cinque tubi elettronici.
Interessante la "scala parlante" che funge da protezione all'altoparlante e che solo con apparecchio acceso diventa trasparente rendendo visibili i nominativi delle stazioni.

Radiomarelli • 1936
Faltusa model.
Superheterodyne circuit with five electron tubes.
The tuning scale is interesting: it forms part of the loud-speaker housing and only when the set is turned on does it become transparent, thus displaying the names of the transmitting stations.

Ansaldo Lorenz • 1937

Modello 5V3
Circuito supereterodina.
Cinque tubi elettronici.
Ormai la forma squadrata ha preso il sopravvento e le dimensioni della "scala parlante" sono piuttosto ampie.

Ansaldo Lorenz • 1937
Model 5V3.
Superheterodyne circuit with five electron tubes.
By now the rectangular shape has supplanted earlier designs and the tuning scale is of fairly large size.

Modello 544
Circuito supereterodina.
Cinque tubi elettronici.
Mobiletto di struttura piuttosto compatta.

Telefunken • 1934
Model 544.
Superheterodyne circuit with five electron tubes.
A compact cabinet.

Radio Roma • 1939

Circuito reflex.
Tre tubi elettronici.
E' il nuovo ricevitore popolare italiano realizzato da diverse case costruttrici.

Radio Roma • 1939
Reflex circuit with three electron tubes.
The radio that replaced the Balilla radio as the popular Italian receiver: it was made by various companies.

Savigliano • 1938

Modello Super 5
Circuito supereterodina.
Cinque tubi elettronici.
La singolare fattura del mobiletto rappresenta un nuovo stile rispetto alle forme tradizionali delle radio dell'epoca.

Savigliano • 1938
Super 5 model.
Superheterodyne circuit with five electron tubes.
The unusual construction of the cabinet represents a new style with respect to the traditional shapes of contemporary radios.

Schaub • 1939

Modello DKE
Circuito super reflex.
Due tubi elettronici.
E' il così detto ''Kleinempfanger'', il ricevitore popolare tedesco realizzato con concetti di estrema autarchia con la pressochè totale eliminazione di parti metalliche.

Schaub • 1939
Model DKE.
Super-reflex circuit with two electron tubes. The popular German receiver known as the ''Kleinemplanger'', built with the concept of self-sufficiency and so featuring the almost complete elimination of metallic components.

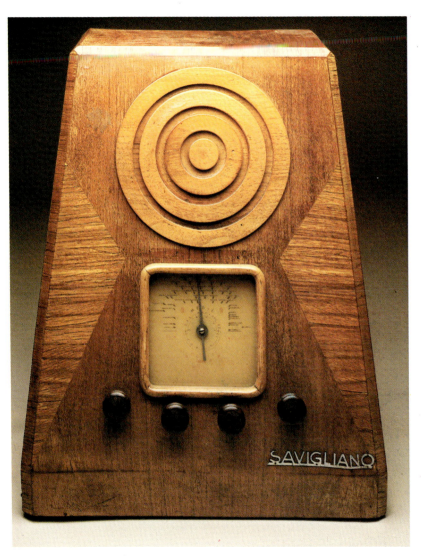

Modello Lumaradio L4

Circuito supereterodina.

Quattro tubi elettronici.

Lo strano mobiletto funge da piede ad una lampada da tavolo.

Alcuni esemplari di questo modello potevano incastonare nello zoccolo un orologio.

Arel • 1938

Lumaradio L4 model.

Superheterodyne circuit with four electron tubes.

The strange cabinet in fact forms the base of a table lamp.

Some examples of this model could be fitted with a clock, set into the base.

Radiomarelli • 1938

Modello 'Mizar''
Radiogrammofono
Circuito supereterodina
Sette tubi elettronici
Il mobile tutto in radica, con due antine di chiusura, è veramente imponente.
Molto interessante la scala delle stazioni, anche se piuttosto meccanicamente complicata.

Radiomarelli • 1938

"Mizar" model.
Radiogram. Superheterodyne circuit with seven electron tubes.
The cabinet, closed with two doors, is very impressive in its exclusive use of briarwood.
The tuning scale is of great interest, though mechanically rather complicated.

Ducati • 1940

Modello RR 3404
Radiogrammofono.
Circuito supereterodina.
Cinque tubi elettronici.
La nota casa bolognese unitamente a questo modello, rea-
lizzò altri ricevitori dal design d'avanguardia.

Ducati • 1940

Model RR 3404.

*Radiogram. Superheterodyne circuit with five electron
tubes.*

*As well as this model, the well-known company Ducati
of Bologna produced other receivers of advanced design.*

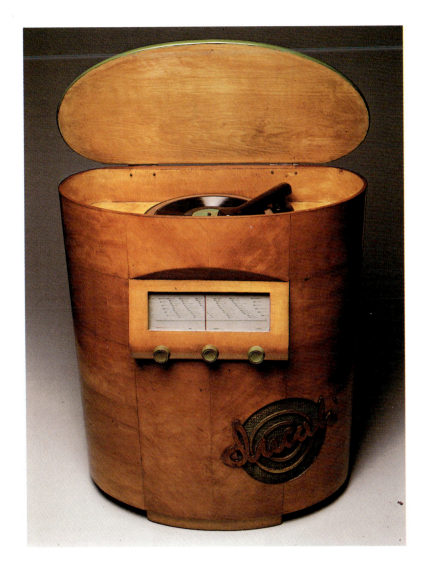

Imcaradio • 1939

Modello "Multigamma" I.F. 871 15
Circuito supereterodina.
Sette tubi elettronici.
L'apparecchio monta un gruppo a radiofrequenza ad otto gamme d'onda, da 10 a circa 2.000 metri.
E' previsto uno strumento indicatore di sintonia.
Realizzato in diverse versioni, con o senza grammofono, rappresenta il non plus ultra in fatto di radio per un lungo lasso di tempo di oltre due lustri.

Imcaradio • 1939

"Multigamma" model I. F. 871 15
Superheterodyne circuit with seven electron tubes.
This wireless has a radio-frequency group with eight wavebands, from 10 to about 2,000 metres.
A tuning-level indicator is also provided.
Made in different versions, with or without a gramophone, it was the last word in radios for over a decade.

Radiomarelli • 1939

Modello Fido
Circuito supereterodina.
Cinque tubi elettronici tipo Balilla.
Sintonia ottenibile con il nuovo sistema della induttanza variabile. Alimentazione diretta 110 volt mediante riduttore resistivo.

Radiomarelli • 1939

Fido model.
Superheterodyne circuit with five Balilla-type electron tubes. Tuning was performed by means of the new system of variable inductance. Directly powered by 110 volt supply using a step-down impedance transformer.

Successivi modelli del Fido da sinistra a destra:
- RD 76 - Fido n° 1 (1939)
- 9V65M - Fido n° 2 (1947)
- 120 - Fido n° 3 (1951)
(alle valvole Balilla furono sostituite quelle tipo "miniatura")

Later Fido models, from left to right:
- RD 76 - Fido No. 1 (1939)
- 9U65M - Fido No. 2 (1947)
- 120 - Fido No. 3 (1951)
(the Balilla valves were replaced with the miniature type).

Phonola • 1939

Modello 547
Circuito supereterodina.
Cinque tubi elettronici.
Famoso per la insolita linea, che richiama l'apparecchio telefonico, disegnata dagli architetti A. Castiglioni e P. Caccia Dominioni.

Phonola • 1939

Model 547.
Superheterodyne circuit with five electron tubes.
Famous for its unusual design, resembling a telephone, by the architects A. Castiglioni and P. Caccia Dominioni.

Modello 525
Circuito supereterodina.
Cinque tubi elettronici.
Caratteristica la tastiera per la selezione istantanea delle stazioni prescelte.

Phonola • 1940
Model 525.
Superheterodyne circuit with five electron tubes.
Characterized by push-buttons for rapid selection of pre-tuned stations.

Bush radio - 1946

Modello AC 90
Circuito supereterodina.
Cinque tubi elettronici.
Tipico ricevitore inglese con artistico mobiletto in bachelite.

Bush Radio • 1946
Model AC 90.
Superheterodyne circuit with five electron tubes.
A typical English wireless set with a tasteful bakelite case.

Modello BI 480 A
Circuito supereterodina.
Quattro tubi elettronici.
Oramai i mobili delle radio sono tutti in materiale plastico salvo rare eccezioni.

Philips • 1948
Model BI 480 A.
Superheterodyne circuit with four electron tubes.
By this time all radio cases are plastic, with rare exceptions.

Magnadyne • 1948

Modello S/82
Circuito supereterodina.
Cinque tubi elettronici.
La riduzione delle dimensioni degli apparecchi radio è dovuta anche all'uso dei nuovi tubi elettronici miniatura sia di tipo americano, che europeo, che ormai hanno soppiantato ogni altro tipo.

Magnadyne • 1948
Model S/82.
Superheterodyne circuit with five electron tubes.
The reduction in size of wireless sets was partly due to the use of new miniature electron tubes both of American and European make, which, at the time of this example, had supplanted all other types.

Zenit • 1946

Modello "Transoceanic"
Circuito supereterodina.
Cinque tubi elettronici tipo miniatura.
Nove gamme d'onda.
Alimentazione universale mista da rete e da pile.
Caratteristico ricevitore portatile civile con antenna a stilo ed a telaio.

Zenit • 1946

"Transoceanic" model.
Superheterodyne circuit with five miniature electron tubes.
Nine wavebands.
The set could be powered either from the electric mains or by battery.
A typical example of a civilian portable wireless with rod and loop antenna.

Modello 584 A
Circuito supereterodina.
Quattro tubi elettronici.
Alimentazione a pile.
Il primo vero ricevitore tascabile, con antenna a telaio nel
coperchio.

Emerson • 1948

Model 584 A
Superheterodyne circuit with four electron tubes.
Powered by batteries.
*The first truly pocket radio receiver, with loop antenna in
the cover of the set.*

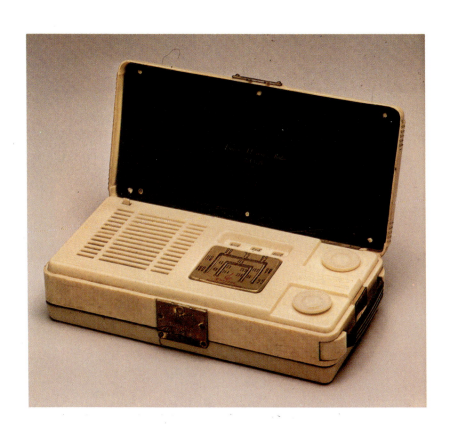

Modello "Voci del mondo"
Circuito supereterodina.
Alimentazione a pile. L'ormai classico circuito dell'Emerson tascabile realizzato a forma di libro.

Omega Radio • 1950

"Voci del mondo" (Voices of the world) model.
Superheterodyne circuit.
This model used the by-then classic circuit of the Emerson pocket radio, inserted into a book-shaped case.

Modello Wallradio 521
Circuito supereterodina.
Quattro tubi elettronici.
Una curiosa realizzazione un po' Kitch.

Belmonte • 1953
Wallradio 521 model.
Superheterodyne circuit with four electron tubes.
A curious product of somewhat dubious taste.

Modello 628

Radio televisore.

Ricevitore per onde medie e modulazione di frequenza.

Televisore VHF.

Ventuno tubi elettronici.

Oltre a cinescopio da 10 pollici.

Questa soluzione mista rappresenta una novità per l'epoca.

Emerson • 1948

Model 628

Radio-television.

Receiver for medium-wave and frequency-modulation.

VHF television.

The set had twenty-one electron tubes and a ten-inch kinescope.

This multi-function product was a novel concept at the time.

Imcaradio • 1950

Modello "Pangamma" I.F. 121
Circuito supereterodina.
Quindici tubi elettronici.
Ricevitore plurigamma e per modulazione di frequenza.
E' l'ultimo modello realizzato da questa prestigiosa casa successivamente assorbita dalla Radiomarelli.

Imcaradio • 1950
"Pangamma" I.F.
121 model
Superheterodyne circuit with fifteen electron tubes.
Multi-waveband receiver, including frequency modulation.
This was the last model made by the prestigious firm Imcaradio before it was taken over by Radiomarelli.

RADIO PROFESSIONALE

Ecco un altro capitolo di grande importanza.
Fanno parte dei ricevitori di questa categoria quelli utilizzati dai radioamatori.
Ne riportiamo un modello significativo e assai diffuso.

PROFESSIONAL RADIO

This represents another important part of radio history: to this category belong the instruments used by radio amateurs. Only one example is illustrated here.

Modello 4209 R
Ricevitore radioamatoriale per le bande dilettantistiche di
10, 11, 15, 20, 40, 80 metri in AM, SSB e CW.
Circuito supereterodina.
Dodici tubi elettronici.
Da accoppiare a trasmettitore Geloso 4212 TR

Geloso • 1956
Model 4209 R
*Amateur radio set for the amateur bands, 10, 11, 15, 20,
40 and 80 metres in AM, SSB and CW.*
Superheterodyne circuit with twelve electron tubes.
Designed to be linked to the Geloso transmitter 4212 TR.

AUTORADIO

L'argomento farebbe un capitolo a sè; la radio nata per essere inserita a bordo, con alimentazione da batteria di accensione, data dal 1930.
Ne illustriamo un classico esemplare già evoluto.

CAR-RADIO

This particular subject merits a chapter to itself: radios designed to be fitted in the car, powered by the car battery, date from 1930.
Only one example is shown here.

Modello 702/12
Circuito supereterodina.
Quattro tubi elettronici.
Un tipico ricevitore per automobili alimentato dalla batteria di accumulatori della vettura.

Aster • 1950

Model 702/12.
Superheterodyne circuit with four electron tubes.
A typical car-radio, supplied by the car's battery.

SINTONIZZATORI PER FILODIFFUSIONE

La filodiffusione è costituita dalla trasmissione di programmi in ''alta frequenza'' su linee telefoniche.
Anche se questo settore non ha avuto grande sviluppo, vi sono tuttavia apparecchi interessanti.
Ne citiamo un esempio.

LINE BROADCASTING TUNERS

Line broadcasting, or cable radio, is the transmission of programmes in high frequency, using telephone lines.
Though this category has not undergone wide development, there are nonetheless many interesting instruments, like the set shown here.

Modello FD 3357
Sintonizzatore per filodiffusione nella banda 178/343 KHz
Comando canali tramite tastiera selettrice.
I circuiti sono ormai a transistor.

Phonola • 1960

Model FD 3357
Line broadcasting tuner for the 178/343 MHz waveband.
Pushbutton selection of channels.
By now circuitry is based on the transistor.

SURPLUS RADIO MILITARE

Infiniti sono i modelli studiati ed utilizzati dalle forze armate di tutto il mondo, vuoi per uso terrestre, aereo, navale.

I surplus più importanti sono, oltre all'italiano, quello tedesco, l'americano e l'inglese. Diversissime sono le soluzioni adottate in base alle esigenze.

Solitamente i ricevitori sono accoppiati o accoppiabili a corrispondenti radiotrasmettitori.

L'esemplare illustrato costituisce un classico tipico modello di questa categoria.

MILITARY SURPLUS RADIOS

There exists an extraordinary variety of models designed and used by armed forces from all over the world, for land, air and naval use.

The most important surplus instruments, besides Italian models, are German, American and English.

Different requirements gave rise to a wide variety of designs.

Usually the receivers are combined with, or can be coupled to, corresponding radio-transmitters. A typical example is illustrated here.

Wireless set (canadian)
Modello n° 19 MK III
Classico radioricetrasmettitore per uso radiotelegrafico e
radiotelefonico.
Gamma di funzionamento 2/8 e 230/240 MHz.
L'apparecchio è stato utilizzato dalle truppe alleate du-
rante la seconda guerra mondiale (1940/45).

RCA • Victor • 1943

A Canadian wireless set, model No. 19 Mk. III.
A typical radio transceiver for radiotelegraphic and radio-
telephonic use.
For use on the wavebands 2/8 and 230/240 MHz.
The instrument was used by the Allied troops during the
Second World War (1940-45).

LA RADIO

Il collezionismo di apparecchi radio è una delle forme più evolute del collezionismo d'oggetti storici del XX secolo, di quello che Umberto Eco ha definito "modernariato", perchè gli oggetti stessi, nella loro primaria funzione, sono stati strumenti comunicativi di conoscenza.

Nato dall'iniziale necessità di scambiarsi componenti tra i radioamatori sperimentatori e poi dall'amore conservativo dei modelli rappresentativi delle varie tappe evolutive delle tecnologie radioelettriche, si è sviluppato con la crescita industriale ed economica diffondendosi successivamente tra i cultori del design, gli amatori del bricolage restaurativo, del revival del costume a testimonianza degli "italian graffiti" della nostra società.

Se tanta parte di un patrimonio collettivo nazionale è stata salvata dalla distruzione e dall'oblio, se oggi è possibile alle nuove generazioni ripercorrere nel passato le tappe di quel formidabile sforzo d'ingegno che ha condotto l'umanità alla presente "società della comunicazione", il merito è anche di questi amatori, di questi speri-

---

The radio, as a historic object, represents a high point in the evolution of 20th century collecting, not only because it belongs to a category of antiques that could be better described, as Umberto Eco pointed out, as 'moderniques', but because the radio itself is an instrument designed for the diffusion of knowledge.

The collection of radios began with radio amateurs and experimenters, who found it necessary to swap components; continued with the desire to preserve significant models from the various evolutive stages of radioelectrical technology; developed along with industrial and economic growth, becoming a subject of interest for students of design and furniture-restoring hobbyists; and finally became a part of the revival discovering the heritage of Italian society throughout this century.

A large part of this national heritage has been preserved from destruction and neglect, so that today's generation can retrace the steps of human ingenuity that led to the present 'society of communications': this is in no small measure due to the efforts of the radio amateurs, experimenters and expert restorers that make up the varied world of private collection.

Therefore praise is due to radio collecters, interested as always in the possibility of forming a NATIONAL MUSEUM OF RADIO AND TELEVISION: this represents

mentatori, di questi esperti restauratori che compongono il variegato mondo del collezionismo privato.

Omaggio dunque al collezionismo radio, che è sempre interessato alla possibilità di visitare un MUSEO NAZIONALE della RADIO e della TELEVISIONE, un progetto che richiede momenti più propizi e volontà più esplicite per realizzarsi, ma che certamente anche questa pubblicazione può far crescere, favorendo la diffusione di conoscenza, lo scambio di esperienze, stimolando aggregazioni tra il collezionismo privato e le Istituzioni pubbliche.

La RAI - Radiotelevisione Italiana, che ha ereditato il patrimonio storico della Radiofonia italiana e ne ha conservato gelosamente preziose testimonianze tecnologiche, iconografiche e sonore, ha accolto con interesse questa iniziativa editoriale della BE-MA e con questo spirito vi ha contribuito fornendo molte delle immagini presentate nel volume, tratte dalla collezione di oltre 500 cimeli del suo Archivio Storico della Radio di Torino, città che fu culla e nutrice della Radiofonia in Italia. Il grande successo registrato dalla Mostra itinerante "La Radio: storia di sessant'anni 1924-1984", allestita dalla RAI nel 1984 all'Auditorium di Torino in occasione della ricorrenza celebrativa e presentata poi al Festival de i Due Mondi a Spoleto,

---

a project that needs more favourable times and a more explicit resolve to be implemented, but it is certain that this publication cannot fail to aid the process by encouraging knowledge of the subject and helping the swapping of ideas, stimulating links between private collections and public institutions.

The RAI - Radiotelevisione Italiana, which has been endowed with the historical inheritance of 'Radiofonia italiana' and jealously conserves its valuable technological, iconographical and acoustic archives, has welcomed BE-MA's publishing enterprise and therefore has contributed many of the illustrations in the volume, taken from the collection of over 500 objects in the Archivio Storico della Radio (Historical Radio Archives) in Turin, the city where Italian radiophonics was born and grew.

The great success of the exhibition entitled 'Radio: 60 years' history 1924-1984', organised by the RAI in 1984 at the Turin Auditorium for the anniversary and then shown at the Festival of the Two Worlds at Spoleto, the Levant Trade Fair at Bari, the Overseas Exhibition-Mediterranean Theatre in Naples in 1985 and at the Lingotto Exhibition Centre (Turin) in 1986, demonstrated the public interest in discovering an interesting and dynamic history such as that represented by the transmis-

alla Fiera del Levante a Bari ed alla Mostra d'Oltremare-Teatro Mediterraneo di Napoli nel 1985 è ancora al Centro Espositivo Lingotto nel 1986, ci hanno testimoniato l'interesse collettivo al racconto di una storia suggestiva e dinamica qual'è il viaggio dei suoni nell'etere, che un'utilizzazione esemplare di piccoli tesori nascosti è una riflessione critica, che ha trasceso dal semplice allestimento di oggetti, ha raggiunto con una esposizione ragionata.

L'Editrice BE-MA ha avuto giusta sensibilità di inserire questo titolo nella sua attualissima collana "Itinerari d'immagini".

Auguriamo un vivo successo, perchè il formato agile ed economico, la ricchezza d'immagini e l'essenzialità didascalica del testo bilingue varranno certo il gradimento del pubblico e contribuiranno ad allargare vieppiù l'area della conoscenza in Italia ed all'estero.

EMILIO POZZI
Direttore Rai
Sede Regionale per il Piemonte

---

sion of sounds through the ether. The intelligent use of small, hidden domestic treasures for an exhibition is in itself a theme worthy of critical reflection, especially as the exhibition was much more than a mere parade of objects and became a logical elucidation of the subject.

The publishing house BE-MA has very wisely included this title in its highly contemporary series 'Visual Itineraries'.

We hope that the book meets with great success, as its convenient and economic size, the quality of the illustrations and the succinct bilingual text are worthy of public approval and will help to further widen knowledge of the subject, both in Italy and abroad.

EMILIO POZZI
Direttore Rai
Sede Regionale per il Piemonte

UN PO' DI STORIA

Radioricevitore è ciò che si dice comunemente radio.
A questa voce, nel 1931, ossia a dieci anni dall'inizio della radiodiffusione, nel "Dizionario moderno", Alfredo Panzini scriverà scetticamente: "Istrumento di tortura. Delizia della civiltà moderna, per radiotelefonia" e a questa voce specificava: "Sistema Broadcasting (lancio di là), applicazione delle onde hertziane al telefono e così ci è permesso, standoci a Roma, udire le musiche di Parigi, per questo?" Se Panzini fosse ancor vivo, oggi avrebbe certamente cambiato parere, tale è la indispensabilità e la perfezione raggiunta dalla radio e da tutte le infinite applicazioni elettroniche che da essa derivano.
Oramai, l'apparecchio radio - la radio - accoppiato ai sistemi di registrazione e riproduzione dei suoni più raffinati (basti pensare all' HI-FI) è diventato l'amico inseparabile dell'uomo, indispensabile in casa, nelle gite, negli stadi, nel diporto, in automobile, nel lavoro, sia per le informazioni del momento (cronaca, politica, sport, e tutto quanto), sia per il completamento della sua cultura che per il suo divertimento.

A LITTLE HISTORY

What is commonly known as the radio or wireless set is more properly called the radio receiver.
In the description relating to this noun in the 1931 'Modern Dictionary', ten years after the onset of broadcasting, Alfredo Panzini wrote sceptically: 'An instrument of torture. A delight of modern civilization, using radio-telephony'; the entry for this latter term was: 'Broadcasting system (throwing far), the application of Hertzian waves to the telephone, enabling us to listen to music from Paris while we are in Rome, and so what?'
If Panzini was alive today he would certainly have modified his opinions, having witnessed the degree of perfection attained both by this indispensable instrument and by the infinite range of electronic devices derived from it.
By now the wireless set, or radio, coupled with highly sophisticated systems of sound recording and reproduction (for example, so-called Hi-Fi), has become man's inseparable companion, in the home, during journeys, in sports stadiums, in the car,

Ma qui, non si vuole fare soltanto un elogio alla radio. Vogliamo, tramite l'immagine, far conoscere l'apparecchio radio nel tempo.

Sono settan'anni, quasi, che la radiodiffusione (broadcasting) ha avuto inizio sbriciolandosi nelle emittenti private a F.M. (modulazione di frequenza).

In tutti questi anni la radio ha subito radicali modificazioni strutturali, passando dall'aspetto di strumento scientifico da laboratorio a quello di soprammobile, per assumere infine l'aspetto funzionale di un pratico oggetto, non quando inserito in altri oggetti elettronici.

Nelle immagini di questo "ITINERARIO" è possibile passare in rassegna i primi trent'anni di vita del radioricevitore: dal 1920 al 1950 circa.

Dopo, è storia moderna e, più o meno, un apparecchio radio di questi ultimi quarant'anni è riconoscibile come tale e non ancora troppo "anziano" per destare interesse.

Come tutte le cose appartenenti al passato, la radio (le radio) di cui ci occupiamo sono divenute oggetto di antiquariato, meglio se funzionanti.

Non si vuole fare un sia pur breve, trattato tecnologico, in quanto ciò necessiterebbe di una cospicua serie di nozioni scientifiche di base, bensì una breve storia essenziale.

---

at work, and even while practising sport itself. It provides up-to-date information (news, politics, sport etc.), and represents both a means of cultural enrichment and a source of enjoyment.

However, this book is not merely intended as a celebration of the radio, but aims to present the history of the wireless set by means of illustrations.

Broadcasting began almost seventy years ago, and in the last few years has seen the proliferation of private F.M. (frequency modulation) transmitting stations.

During this time the radio has undergone radical structural transformations, changing from what was virtually a purely scientific instrument to become a part of the home furnishings, and finally taking on the functional appearance of a practical object, to the point of being incorporated into other electronic devices.

The photographs in this 'Itinerary' take us through the first thirty years' life of the wireless set, from 1920 to 1950 circa.

Radios dating from after 1950 can be considered as being modern, also because of their contemporary appearance, and so are of less interest in a historical sense.

Like all objects of a certain age, early radios have become collectable objects: if they are still working their desirability is further increased.

A technical description is not included here, as this would necessitate the inclusion

Le prime conquiste

Dopo le conquiste della telegrafia e della telefonia, fu spontaneo il pensare di poter fare a meno dei fili conduttori per trasmettere l'informazione.

Se diversi furono gli sperimentatori che si appassionarono al problema, spetta a Guglielmo Marconi (1874-1937) la soluzione finale.

Egli fruendo di apparecchiature fisiche pre-esistenti seppe collegarle al sistema radiante o captante costituito dal circuito di antenna e di terra.

A quel tempo, 1895, era impensabile che le onde elettromagnetiche generate dal radiotrasmettitore potessero giungere a distanze superiori a quelle massime determinate dalla curvatura terrestre.

Essendo le onde elettromagnetiche utilizzate della stessa famiglia delle onde luminose, ne derivava la convinzione che si propagassero in linea retta.

Marconi, a dispetto di tutte le teorie, vinse le distanze perchè, a suo vantaggio, esisteva attorno alla Terra uno strato "ionizzato" fungente da "specchio" riflettente.

Nei primi anni del secolo si parlava di radiotelegrafia non sapendo come generare onde continue (persistenti) di ampiezza costante da poter modulare per trasmettere la fonia.

---

of a large number of basic scientific principles: we have preferred a brief history.

The first conquests

After the advances in the telegraph and telephone, the elimination of conducting wires for transmission of information was a natural progression. Though many experimenters tackled the problem, it was Guglielmo Marconi who arrived at the definitive solution.

He used pre-existing physical apparatus but was able to link them to a system of radiation and capture constituted by the circuit of antenna and earth. At that time, it was thought impossible that electromagnetic waves generated and propagated by a radio-transmitter could have a longer range than the maximum distance permitted by the earth's curvature.

The electromagnetic waves used by radio belong to the same family as light waves and so it was naturally assumed that radio waves are propagated in a straight line. Marconi ignored the theories and achieved long transmission distances, because the ionized stratum in the earth's atmosphere acts as a reflecting mirror.

The early years of the century saw the development of only wireless telegraphy,

Solo quando verso il 1910 furono realizzati generatori capaci di ciò e quando, contemporaneamente, furono inventati dei rivelatori adatti (Carborundum) - Galena - Tubi elettronici) si potè attuare la pratica trasmissione della voce.

Sopraggiunta la prima guerra mondiale (1914 - 1918) la tecnologia progredì inaspettatamente sotto l'assillo delle necessità militari.

Alla fine del conflitto esistevano schiere di radiotelegrafisti che rappresentarono, con l'esperienza acquisita, un forte nucleo di radioamatori e di tecnici che si dedicarono alla sperimentazione.

Nel 1920, i tubi elettronici trasmittenti e riceventi avevano raggiunto un notevole grado di perfezione. Dopo ripetuti tentativi si appalesò la possibilità di attivare delle radiotrasmissioni circolari per la distribuzione a tutti della informazione e non solo di quella.

Fu così che ebbero inizio le trasmissioni radiofoniche circolari (Broadcasting) accolte dall'interesse generale.

In Italia, la radiodiffusione iniziò nel 1924 con la stazione di Roma. Presto si aggiunse quella di Milano, Napoli, Genova, Torino e quindi tutte le altre.

L'U.R.I. (Unione Radiofonica Italiana) prima e l'E.I.A.R. (Ente Italiano Audizioni Ra-

---

as it was not then possible to generate continuous waves of constant amplitude, necessary to form a carrier which being modulated, could encode voice signals. Practical voice transmission became feasible only towards 1910, when wave generators of this type were made and when, at the same time, suitable detectors were invented (carborundum - galena - electron tubes).

The First World War brought an unexpected advance in technology, fruit of military communication requirements.

At the end of the war there were many practised wireless telegraph operators, constituting a solid nucleus of radio enthusiasts and technicians dedicated to experiment and research.

By 1920, transmitting and receiving electron tubes had reached a fair level of functionality. After numerous attempts the idea of making radio transmissions that distributed information and acoustic entertainment to all became a reasonable proposition.

In this way, radio broadcasting began, and transmissions immediately met with public interest.

In Italy, broadcasting commenced in 1924 from Rome. Milan followed soon after,

diofoniche) dopo, coprirono il territorio nazionale delle loro emittenti.

I ricevitori utilizzati dai radioamatori e dai radio ascoltatori (che in un primo momento erano tutt'uno) rispecchiano la tecnica del tempo e sono ancora troppo complicati da "manovrare".

Nasce una febbre hobbystica del "fai da te" ed anche affermate aziende di materiale telefonico si buttano sull'argomento, invadendo il mercato con i loro prodotti, sempre più perfezionati e quindi idonei al grande pubblico degli ascoltatori.

Dal cristallo di Galena all'alimentazione dalla rete luce

Saranno i primi ricevitori a cristallo di Galena a permettere l'ascolto di stazioni locali: gli altri apparecchi utilizzavano tubi elettronici che dovevano essere alimentati da batterie di pile e di accumulatori.

L'audizione, oltre che in cuffia, era possibile, per gli apparecchi più potenti, anche in altoparlante.

Le antenne di ricezione coprirono come ragnatele i tetti delle case, non quando si usasse l'antenna a quadro che, come un grande arcolaio, era costituita da un'avvolgimento di filo a spirale ed era orientabile verso la stazione prescelta.

---

then Naples, Genoa, Turin and others. The U.R.I. (Italian Radiophonic Union) and later the E.I.A.R. (Italian Corporation for Radiophonic Broadcasts) covered the entire Italian territory with its transmitting stations.

The receivers used by radio amateurs and listeners (in the early years listeners were necessarily radio enthusiasts) reflected the level of contemporary technology and were excessively complex to operate.

A 'do-it-yourself' spirit spread, but at the same time established firms producing telephones and the like entered the field with a profusion of receivers, which were continually improved to meet the requirements of the mass-market.

Galena crystal sets

The earliest galena crystal sets permitted the audible reception of local stations: other sets used electron tubes that required primary batteries and accumulators.

Listening, in the case of crystal sets, required headphones but the more powerful receivers were able to drive a loudspeaker.

Receiving aerials covered the rooftops like cobwebs: they consisted of a large frame supporting a spiral winding, and could be rotated to face the chosen transmit-

Dal 1920 arriviamo con questi aggeggi sino al 1930.

Ormai, dovunque è diffusa la luce elettrica e si pensa di sfruttare la corrente alternata della rete di distribuzione per alimentare i tubi elettronici tramite appositi raddrizzatori che la rendevano continua come quella delle batterie.

Ecco, finalmente, l'apparecchio standard: un mobiletto con dentro tutto; alimentazione ed altoparlante: basta inserire la spina del cordone di alimentazione in una presa di corrente.

Anche i circuiti, per merito di nuovi tubi elettronici, si fanno più complessi e più sofisticati.

A metà degli anni '30, ormai, non ci sono più problemi e l'apparecchio radio, unito anche al grammofono, diventa un'elettrodomestico.

Piano, piano le emittenti si moltiplicano, oltre all onde medie, si utilizzano le onde corte ed i ricevitori diventano plurigamma, con la necessità di utilizzare una scala indicatrice delle stazioni emittenti che viene detta "scala parlante".

Nel 1940 la varietà di apparecchi radio è immensa.

A questo punto, altra parentesi di 5 anni causa il secondo conflitto mondiale (1940-1945) che porta la radiotecnica a livelli di insospettata perfezione per gli stu-

---

ting station. Apparatus such as this was used up until 1930.

By this time domestic electric lighting was widespread and so alternating mains current became a convenient energy source for powering electron tubes, using rectifiers to convert mains current into direct current like that of a battery.

In this way the standard wireless set was produced: a cabinet containing all components, including the transformer and loudspeaker: one only had to plug the lead into the mains.

Circuits also became more complex and sophisticated, due to the new electron tubes. In the mid-Thirties all technical problems had been overcome and the wireless set, along with the gramophone, became a household appliance.

Transmitting stations gradually became more numerous and extended beyond the medium wave band used up till then, to short waves: therefore the receivers became multi-band to match, with a scale indicating the transmitting stations that became known as the 'tuning scale' ('talking scale' in Italy). The variety of radios on the market by 1940 was enormous.

The Second World War (1940-45) further advanced the science of radio, largely due to studies carried out in radar, radio bridges, computers and television, for mi-

di attivati soprattutto per il radar, i ponti radio, i computer, la televisione, sviluppatesi per necessità militari.

Subito dopo, nel 1947, nasce il transistore.

La rivoluzione elettronica è alle porte ed il nostro secolo (così come quello passato è all'insegna del vapore) lo è quello dell'elettronica.

Ancora oggi è possibile reperire radio epoca anche di notevole interesse.

Se ben conservate è abbastanza facile ridare a loro la "voce", tipica per il timbro sempre acusticamente gradevole, caratteristico degli altoparlanti dimensionati senza risparmio che allora si usavano.

Attualmente non mancano, se pur rari, laboratori capaci di restaurare i vecchi cimeli tenendo presente che la difficoltà maggiore sta nel reperire tubi elettronici di ricambio, visto che ormai l'elettronica si avvale di semiconduttori.

Le inmmagini del nostro itinerario sono suddivise in relazione alle caratteristiche fondamentali degli apparecchi, così come si sono succeduti nel tempo.

All'inizio di ogni sezione sono date alcune informazioni indispensabili che a quella categoria si riferiscono.

---

litary uses. The transistor was invented soon after, in 1947.

The electronics revolution was on its way, and would make the 20th century the electronic age, just as the 19th had been the age of steam.

Radio industry in Italy

The first Italian factory producing radio and electrical equipment, located in Genoa, could only have been founded by Marconi. The bulk of the factory's production was destined for state corporations and derived from designs made by the English parent firm, which dated from 1897.

The invaluable technical support and assistance of Commander Gino Montefinale led to the introduction of various models, including some Italian designs, belonging to the classic 'Marconifono' series.

The Marconi central office was in Via Condotti, Rome, in the ancient palace of Marchesi Bezzi Scali, belonging to the great inventor's wife.

Lombard pioneers

The earliest Italian telephone factory had been founded in 1877 by the Gerosa bro-

L'industria della radio in Italia

Non poteva essere che Marconi a realizzare in Italia, a Genova, la prima fabbrica di apparecchiature radioelettriche.

Fabbrica che produceva soprattutto per gli enti statali, su progetto della casa madre inglese fondata nel lontano 1897.

La consulenza a l'apporto del mai dimenticato comandante Gino Montefinale portarono alla realizzazione di diversi modelli, anche nostrani, della classica serie dei "marconifoni".

La sede centrale della "Marconi" era a Roma in via Condotti, nell'antico palazzo dei marchesi Bezzi Scali appartenente alla moglie del grande inventore.

I pionieri lombardi

Nella industriosa Milano esisteva la prima fabbrica italiana di telefoni, fondata nel 1877 dai fratelli Gerosa, divenuta Western Electric Italiana (poi Face-Standard). Da questa fabbrica uscirono i primi esemplari di radio a galena ed a valvole. Poco distante, aveva sede lo stabilimento "RAM" creato da Ramazzotti, figlio del produttore del rinomato amaro.

---

thers, in the industrious city of Milan: later the firm became Western Electric Italiana (and then Face-Standard). The first galena crystal and valve sets were made here. Not far off was the 'RAM' factory set up by Ramazzotti, whose father produced a famous liqueur. The son's superheterodyne wirelesses became just as famous, and today they are rare antique pieces.

On the old banks of the Olona river was the Società Brevetti Arturo Perego, manufacturing telephonic and communications material from 1902 on. While employed here, eng. G. Battista Seassaro designed the 'RADIOARPA' receivers. He would later become one of the best-known directors of the state telephone company STIPEL (now SIP).

The engineers Allocchio and Bacchini had formed a company manufacturing electrical measuring and telegraphic instruments some years earlier. The collaboration of eng. Eugenio Gnesutta (one of the founders of the Italian Radiotechnical Association, in 1924), eng. Franco Magni, and later Dr. Arturo Recla, led to the construction of a prestigious series of professional and domestic receivers.

The firm S.I.T.I. appeared in 1919 near the Milan Polytechnic, led by eng. Doglio and producing telephone equipment from Siemens patents. Technical contributions

Non meno celebri la sue "supereterodine" che oggi sono un raro pezzo di antiquariato.

Lungo il vecchio corso del fiume Olona, c'era la Società Brevetti Arturo Perego che, dal 1902, produceva materiale telefonico e apparecchiature per comunicazioni Presso questa azienda, l'ingegner G. Battista Sessaro, divenuto poi uno dei dirigenti più noti della STIPEL (ora SIP), progettava i cicevitori "Radioarpa".

Gli ingegneri Allocchio e Bacchini, costruttori, avevano da tempo impiantata un'industria per la fabbricazione di strumenti elettrici di misura e telegrafici. Con la collaborazione dell'ingegner Eugenio Gnesutta (uno dei fondatori dell'Associazione Radiotecnica Italiana, nel 1924), dell'Ing. Franco Magni e, più tardi, dal dott. Arturo Recla, in questa fabbrica, videro la luce una serie di rcevitori civili e professionali di grande livello.

Nei pressi del politecnico, era sorta nel 1919 la SITI dell'ing. Doglio, che produceva apparecchiature telefoniche su brevetto Siemens.

Con l'apporto dell'ing. De Colle (autore con l'ing. Ernesto Montù di classici testi di radiotecnica) furono creati modelli tra i più notevoli radiricevitori italiani di quell'epoca pioneristica.

---

from eng. De Colle (co-author of classic texts of radio technology, with eng. Ernesto Montù) led to the production of models amongst the most significant Italian receivers of that pioneer age. A S.I.T.I. today is worth its weight in gold. Later the firm would merge with Western Electric to become Face Standard.

The SAFAR factory, situated near the Lambrate suburb of Milan, was initially known for its production of loudspeakers and telephone headsets. It would later venture into the field of professional instruments but unfortunately closed at the end of the Second War, a fate that also overtook Allocchio Bacchini.

Zamburlini and Siemens Italiana imported Baltic and Telefunken sets respectively. At Sesto San Giovanni (another Milanese suburb), Hensenburger was famous for its radio accumulators and supplied batteries for all industrial uses.

In 1920 Ercole Marelli entrusted the sector of his business concerned with electrical equipment for cars to his son-in-law eng. Bruno Quintavalle and his brother Antonio. An example of their large volume of production is the magneto for the FIAT 509.

In 1929 Magneti Marelli formed the subsidiary Radiomarelli: receivers were designed by eng. Gaetano Monti Guarnieri and Prof. Francesco Vecchiacchi, who would

Oggi, chi trova un SITI, trova un tesoro!

La SITI, più tardi, si fonde con la Western Electric e diviene Face Standard.

Verso Lambrate, sorse lo stabilimento della SAFAR, più nota inizialmente per i suoi altoparlanti e le cuffie telefoniche.

La SAFAR si orienterà, poi, verso la produzione di apparecchiature professionali ma, purtroppo, come Allocchio Bacchini, chiuderà i battenti alla fine della seconda guerra mondiale.

La Zamburlini e la Siemens Italiana importavano, rispettivamente, apparecchi Baltic e Telefunken.

A Sesto San Giovanni, la Hanseberger, nota per i suoi accumulatori per radio, era la, fornitrice di batterie per tutti gli usi industriali.

Ercole Marelli, nel 1920, aveva affidato al genero Ing. Bruno Quintavalle ed a suo fratello Antonio il settore che produceva materiale elettrico per l'automobile (basti ricordare il magnete per la FIAT 509 !).

Nel 1929 la Magneti Marelli creo la Radiomarelli, affidando il progetto dei radioricevitori all'ing. Gaetano Monti Guarnieri e al Prof. Francesco Vecchiacchi, che sarà poi il pioniere italiano dei ponti radio.

---

later pioneer Italian radio bridges.
These were the beginnings of an endless variety of receivers given an equally bewildering variety of strange and exotic names.

Electron tubes

The first Italian factory producing electron tubes, Zenith Radio, arose on the outskirts of Monza: it was later taken over by Philips. The firm was headed by the pioneer of electron tubes, eng. Del Vecchio who had built a small laboratory working on vacuum techniques in Milan, near the Institute of Radio Technology where he taught. The latter was founded in 1920 by eng. Aurelio Beltrami.

The Institute included a laboratory that was almost an electronics clinic, repairing broken electron tubes with a special process involving the substitution of the burnt filament. This ingenious enterprise extended the working life of otherwise useless tubes for only 5 lire: the price of a tube at the time was 60 lire, a tenth of the average yearly income!

It should also be mentioned that eng. Quintavalle, from Radiomarelli, had in the meantime launched the famous firm FIVRE that produced electron tubes used in

Si iniziò, così, la produzione ininterrotta di ricevitori dai nomi più esotici ed arcani.

I tubi elettronici

Alle porte di Monza, sorse la Zenith Radio, prima fabbrica italiana di tubi elettronici, poi assorbita dalla Philips.

Ne era responsabile il pioniere dei tubi elettronici Ing. del Vecchio che, sempre a Milano, aveva allestito un laboratorio artigianale di tecnica del vuoto, a due passi dall'Istituto Radiotecnico, ove egli insegnava, fondato nel 1920 dall'Ing. Aurelio Beltrami.

In questo istituto operava un laboratorio, una vera clinica elettronica, nel quale i tubi elettronici guasti venivano rigenerati con in particolare processo di sostituzione del filamento avariato.

Questa ingegnosa iniziativa permetteva di allungare, con sole 5 lire, la vita dei tubi elettronici altrimenti inservibili, che costavano, allora, circa 60 lire ! ; un decimo di uno stipendio medio.

Va qui ricordato che l'Ing. Quintavalle, della Radiomarelli, aveva frattanto installato a Pavia, la famosa FIVRE per la produzione di tubi elettronici della classica "serie americana".

---

the classic 'American series'.

The radiogram

The combination of the radio with the gramophone led to the National Gramophone Society, a firm that brought out a wide variety of products.

One of the best-known builders of gramophones with electric induction motors was LESA, headed by Nello Meoni, which also supplied other traditional components.

The 'do-it-yourself' movement and the proliferation of small workshops building radios encouraged the appearance of the firm 'Geloso' in Milan in 1932, founded by Mr. John, who had returned to Italy from America having worked there for some years in the field of radio and television. He marketed complete sets for the assembly of a variety of receivers.

With regard to the power supply for wireless sets, Hensenberger and his accumulators should not be forgotten.

However the anode power supply required primary batteries. Three firms engaged in their production were Fratelli Pagani and Messaco in Milan, and Superpila in Florence.

Altre aziende

Quando la radio fece connubio con il grammofono, ecco sorgere la Società Nazionale del Grammofono con la sua varia produzione.

Uno dei più noti costruttori del complesso giradischi con motore elettrico ad induzione era la LESA, del rag. Nello Meoni, che divenne la fornitrice anche di altri componenti tradizionali.

Approfittando del sistema "fai da te" e per favorire i piccoli costruttori artigianali che andavano proliferando, nel 1932, sorse a Milano la "Geloso" fondata da Mister John, rientrato in Italia dall'America dove da anni si occupava di radio e televisione, che mise sul mercato il set completo per la realizzazione di radioricevitori di ogni tipo.

Per l'alimentazione anodica necessitavano le batterie di pile.

Per la produzione ricordiamo la fratelli Pagani e la Messaco di Milano e la Superpila di Firenze.

A Saronno, sorgeva la FIMI che allargava la sua produzione elettromeccanica col settere radio Phonola.

Ma i fasti di questa azienda sono del successivo decennio 1930-40, basti ricordare

---

FIMI began its activity at Saronno, near Milan, extending its electromechanical production with the sector dedicated to radio, Phonola. However the triumphs of this firm belong to the next decade, from 1930-40, and an example of the sophisticated sets from this period is the famous 18-valve "Telesinto", 1936.

Many other radio factories sprang up in other Italian regions:

Rome: prestigious names are Salvadori, Tatò, Siriec.

Turin: Becchino and Callegaris, Olivieri and Glisenti, Peressuti.

Bologna: Ducati, founded by a famous radio enthusiast who, operating on 5m short waves, succeeded in establishing a radio link with New Zealand and America in 1924.

Florence: Zappulli.

Trieste: an important name in radio history is that of Ravalico, prolific author of authoritative texts for the radio technician.

Naples: Aurienna and Giambrocono.

Palermo: SAICE

il famoso 18 valvole 'Telesinto' del 1936.

Al di fuori della Lombardia molte fabbriche di apparecchi radio sorsero in altre parti d'Italia:

A Roma, vi sono nomi prestigiosi da ricordare: Salvatori, Tatò, SIREC.

A Torino, Becchino e Calligaris, Olivieri e Glisenti, Peresutti.

A Bologna, la Ducati, fondata dal famoso radioamatore che, su onde corte di 5 m, era riuscito, nel 1924, a collegarsi con la Nuova Zelanda e con l'America.

A Firenze, lo Zappulli.

A Trieste, il nome mai dimenticato di Ravalico, prolifico autore di testi "sacri" per il radiotecnico.

A Napoli, Aurienna e Giambrocono.

A Palermo, la SAICE.

I cataloghi e le riviste

Ci fermiamo a questo punto, al termine del decennio 1920-30.

Successivamente, sono i cataloghi delle annuali mostre della radio che ci possono fornire migliori ragguagli.

Catalogues and magazines

Our brief history of Italian radio production is limited to the years before 1930. The volume of information relating to successive years is enormous and so best studied using catalogues of annual radio exhibitions.

Though rare, these catalogues can still be found and document the rapid development of the radiophonic industry in the years up until 1940.

Another spontaneous question is that of the nature of the transmissions of those years. This is best answered by sociologists and critics, but it is nonetheless highly entertaining to leaf through "Radiorario", published by EIAR from 1927 on (it has now become "Radiocorriere") and read the details of broadcasts.

As the number of broadcasting stations increased, the number of listeners rose accordingly.

Leaving aside radio enthusiasts, a compact group dedicated to amateur transmission and reception, the hobby of building receivers at home was also widespread. Many magazines dedicated to this activity were published: "Radiogiornale" published by ARI; "Radio per tutti" ("Radio for all") by Sonzogno, "L'antenna" by Rostro, "Radiofonia" published in Rome and "La radio" published for a few years

Anche se rari, questi cataloghi sono facilmente reperibili e danno modo di seguire il vertiginoso progresso dell'industria radiofonica negli anni che seguono, sino all'inizio della seconda guerra mondiale.

Ma il lettore si domanderà: "che cosa si ascoltava allora alla radio?".

Qui il discorso è più da sociologo e da critico, tuttavia sfogliando il "Radiorario", edito dalla URI dal 1924 e quindi dalla EIAR dal 1927 e divenuto "Radiocorriere", c'è da divertirsi a leggere i programmi.

Via, via che il numero delle stazioni emittenti andava diffondendosi, anche il numero degli ascoltatori aumentava.

A parte i radioamatori, che erano un ridotto stuolo di appassionati cultori della radiotrasmissione dilettantistica, molto diffuso era il sistema di autocostruzione di ricevitori: una specie di hobby.

Esistevano molte riviste oltre al "Radiogiornale" della ARI, come: la "Radio per tutti" edito da Sanzogno, "L'antenna" del Rostro, "Radiofonia" edita a Roma, "La radio" edita per qualche anno dalla Società Marconi di Genova e la famosa "Radioindustria" del mai dimenticato G.B. Angeletti.

Queste riviste riportavano le istruzioni e schemi al naturale di apparecchi radio di ogni tipo e dimensione, da costruirsi con componenti staccati, che risultavano sempre più facilmente reperibili in commercio.

---

by Società Marconi of Genoa.

These magazines contained instructions and full-size plans for various types and sizes of wireless set, which could then be constructed using component parts whose availability increased continually.

Today it is still possible to find highly interesting old radios. If they are in a reasonable state of conservation, it is relatively easy to restore them to working order, and well worth the effort because they always have a pleasing timbre of sound reproduction, due to their generously-sized loudspeakers, a characteristic typical of the time.

There are laboratories, though few and far between, capable of restoring these "veterans of the wireless age": the greatest difficulty is posed by finding replacement electron tubes, obsolete now that semiconductors have monopolised the electronics industry.

The illustrations in this Itinerary are grouped according to the fundamental characteristics of the sets, reflecting the historical succession of different types of wireless. Some essential information referring to each category is given at the beginning of the relevant section.

Bibliografia

1) Autori vari - Radio e TV: due storie parallele su "Stile industria" n° 11 - 1957 - Domus - Milano - 1957

2) Bianchi Umberto - Radio surplus ieri e oggi - Edizioni C.D. - Bologna - 1983

3) Biraud Guy - Les radio Philips de collection 1928-1948 - C.V.R. Fontenay le Conte (F) - 1983

4) Bollettino Tecnico Geloso - Dal n° 1 del 1932 al n° 116 del 1972 (interessante fonte di informazione per la evoluzione strutturale della radio)

5) Bondi Paolo - Quando la radio parlava
Catalogo Mostra Radio d'epoca
c/o Castello dei Conti Guidi-Poppi
Ass. Cult. Prov. - Arezzo - 1987

6) Casi Fausto - Il mondo in casa
Catalogo Mostra sui primi quarant'anni di storia della radio
Comune - Arezzo - 1988

7) Constable A. - Early Wireless
Midas Books - Speldhurst Kent (GB) - 1980

8) Cremona Francesco - Mostra storia delle trasmissioni militari
Catalogo
Circolo Ufficiali - Torino - 1972

9) Dalton W.M. - The story of radio - Part. 1 - How radio began

10) Part. 2 = Everyone an amateur

11) Part. 3 = The world starts to listen
Adam Hilger - London (GB) - 1975

12) Emanuele Francesco - La scatola che canta
Numero unico di "Collezioni" - Deta - Milano - 1983

13) Hill Jonathan - The cat's whisker
50 years of wireless design
Oresko Books - London (GB) - 1978

14) Hill Jonathan - Radio! Radio!
Helesworth Press - Helwsworth (GB) - 1986

15) Holtschmidt Dieter - Radios - Rundfunk
Geschichte in wort und bild - Dorau - Hagen (D) - 1982

16) Johnson David & Betty - Antique radios
Restauration and price guide
W. Homestead - Lumbard III. (USA) - 1982

17) Lini Sergio - I^a rassegna sull'evoluzione della radio
Catalogo mostra
Centro S. Agostino - Crema (CR) - 1980
18) Mc Mahon Morgan - Vintage radio 1887-1929
Vintage radio - Palos Verde Peninsula (USA) - 1973
19) Mc Mahon Morgan - A flick of the switch 1930-1950
Vintage radio - Palos Verde Peninsula (USA) - 1973
20) Mc Mahon Morgan - Radio collection's guide 1921-1932
Vintage radio - Palos Verde Peninsula (USA) - 1981
21) Museo Nazionale della scienza e della tecnica
Catalogo guida (Sezione Radiotelecomunicazioni)
Milano - 1975
22) Museo delle Poste e Telecomunicazioni
(dai messaggi di Mosè al Laser) Catalogo Guida, Roma - 1979
23) Patanè Giovanni - Mostra storica della radio nel centenario della scoperta delle
onde hertziane 1885-1985
Catalogo mostra
Salone Parrocchiale - Gaione (PR) - 1984
24) Pouzols B. - Quand la radio s'appellait T.S.F.
RTI - Paris (F) - 1980
25) Rai-Radiotelevisione Italiana - La radio, storia di sessant'anni, 1924-1984
Catalogo Mostra
ETI - Torino - 1984
26) Rezzaghi Sandro - Mostra storica della radio
Catalogo mostra
Unione Artigiani - Brescia - 1984
27) Science Museum - Radio Communication
History and development - Catalogo guida Londra (GB) - 1974
28) Settel Irving - A pictorial history of radio
Grosset & Dunlap - New York (USA) - 1967
29) Soresini Franco - Breve storia della radio
Editrice il Rostro - Milano - 1976
30) Stokes John - 70 years of radio tubes and valves
The Vestal Press - New York (USA) - 1982
31) Vasseur Albert - De la TSF a l'electronique
E.T.S.F. - Paris (F) - 1975

Ringraziamenti

L'Editore ringrazia per la preziosa collaborazione:

- **Museo della radio - Rai - Torino**
(foto a pag. 5, 7 (alto), 8, 9, 10, 11, 26, 31 (basso), 39, 41, 49, 51, 53, 55, 57, 59, 61, 62, 66, 66, 67, 69, 71, 75, 78, 87, 89, 91, 95, 99, 100, 107, 108, 109, 111, 117, 119.

- **Ajelli Raimondo** - Milano (foto a pag. 7 (basso), 31 (alto), 34, 44, 56, 60, 63, 68, 72, 73, 76, 79, 81, 83 (basso), 84, 85, 97, 109, 102, 103, 113.

- **Caldera Giuseppe** - Lambrugo (Co) (foto a pag. 47

- **Dalla Pozza Giampiero** - Como (foto a pag. 19, 27)

- **Gianni Dino** - Vimercate (MI) (foto a pag. 6, 21, 37, 65, 86, 93, 105

- **Marchesi/Chiaves** - Torino (foto a pag. 35)

- **Rebola Silvano** - Torino (foto a pag. 115)

- **Simonetti Giobatta** - Ventimiglia (foto a pag. 43, 45 (alto))

- **Soresini Franco** - Milano (foto a pag. 32, 33, 45 (basso), 83 (alto), 121)

- **Vercellati Marco** - Milano (foto a pag. 13, 15, 23, 25, 28, 29).

VOLUMI PUBBLICATI IN QUESTA COLLANA / *VOLUMES PUBLISHED IN THIS SERIES*

Finito di stampare
nel mese di luglio 1990